DIE „VORTRÄGE UND SCHRIFTEN“ WENDEN SICH AN DIE WEITEN KREISE DERER, DIE AN WISSENSCHAFTLICHER FORSCHUNGSARBEIT ANTEIL NEHMEN

1. Heft: Wesen und Aufgaben der Akademie. Vier Vorträge von Th. Vahlen, E. Heymann, L. Bieberbach und H. Grapow. 8°. III, 43 Seiten. 1940. RM 2.—

2. Heft: Bodenordnung als volkspolitische Aufgabe und Zielsetzung nationalsozialistischen Ordnungswillens. Von Prof. Dr. Konrad Meyer. 8°. III, 25 Seiten u. eine Tafel. 1940. RM 1.20

3. Heft: Die kosmische Ultrastrahlung als Forschungsproblem. Von Prof. Dr. H. Geiger. 8°. 33 Seiten. 1940. RM 1.30

4. Heft: Nationalgedanke und Dichtung in Italien. Von Prof. Dr. E. Winkler. 8°. 31 Seiten. 1940. RM 1.20

5. Heft: Die alten Bevölkerungsverhältnisse Rußlands im Lichte der Sprachforschung. Von Prof. Dr. M. Vasmer. 8°. 35 Seiten mit einer Karte. 1941. RM 1.85

6. Heft: Caesars weltgeschichtliche Leistung. Von Prof. Dr. Matthias Gelzer. 8°. 34 Seiten. 1941. RM 1.30

7. Heft: Stoffe, Kräfte und Gedanken als Träger chemischer Gestaltung. Von Prof. Dr. Peter A. Thiessen. 8°. 27 Seiten. 1941. RM 1.—

8. Heft: Die biologische Chemie im Dienste der Volksgesundheit. Von Prof. Dr. Adolf Butenandt. 8°. 21 Seiten. 1941. RM —.80

9. Heft: Zur Frühgeschichte der Astronomie in Berlin. Von Prof. Dr. Hans Ludendorff†. 8°. 23 Seiten. 1942. RM —.90

10. Heft: Die Gezeiten der festen Erde, des Meeres und der Atmosphäre. Von Prof. Dr. Albert Defant. 8°. 36 Seiten. 1942. RM 1.20

11. Heft: König Friedrich Wilhelm I. als Begründer des preußischen Staates. Von Prof. Dr. Fritz Hartung. (Im Druck.)

DIE HEFTE ERSCHEINEN IN ZWANGLOSER FOLGE

PREUSSISCHE AKADEMIE DER WISSENSCHAFTEN
VORTRÄGE UND SCHRIFTEN
HEFT 10

DIE GEZEITEN DER FESTEN ERDE, DES MEERES UND DER ATMOSPHÄRE

VON

PROF. DR. ALBERT DEFANT

BERLIN 1942
VERLAG WALTER DE GRUYTER & CO
VORMALS G. J. GÖSCHEN'SCHE VERLAGSHANDLUNG · J. GUTTENTAG, VERLAGSBUCHHANDLUNG · GEORG REIMER · KARL J. TRÜBNER · VEIT & COMP.

Printed in Germany
Druck von Walter de Gruyter & Co., Berlin W 35
Archiv Nr. 345842

DIE GEZEITEN DER FESTEN ERDE, DES MEERES UND DER ATMOSPHÄRE

DRITTER ÖFFENTLICHER VORTRAG
DER PREUSSISCHEN AKADEMIE DER WISSENSCHAFTEN
AM 3. DEZEMBER 1941

VON

A. DEFANT

Eine der großartigsten und merkwürdigsten Erscheinungen auf der Erde ist das Flutphänomen des Meeres; es macht auf jeden, der es zum erstenmal in seiner ganzen Größe und Ausdehnung beobachten kann, einen überwältigenden Eindruck. Zweimal des Tages steigt und fällt scheinbar ohne jeden sichtbaren äußeren Grund der Wasserspiegel des Meeres um beträchtliche Beträge; immer wieder von neuem wiederholt sich dieses Schauspiel und wie ein Atmen des Erdinnern mutet uns dieses Anschwellen und Absinken der Wassermassen an. Es darf uns deshalb nicht wundernehmen, wenn diese Erscheinung der Ebbe und Flut nicht nur die Forscher sondern auch die gebildeten Laien immer wieder in ihren Bann gezogen hat. In den Schriften der alten Griechen, die doch sonst so gute und treffliche Beobachter der sie umgebenden Natur waren, findet das Phänomen der Ebbe und Flut fast keine Erwähnung. Dies ist auch begreiflich, wenn man bedenkt, daß im europäischen Mittelmeer, das die Welt der Griechen war, die Gezeiten des Meeres zu einer ganz unscheinbaren, unbedeutenden Erscheinung herabsinken. Umso gewaltiger ist der Eindruck, wenn einige von ihnen in Küstengebiete kamen, die in starkem Maße der Ebbe und Flut ausgesetzt sind. Berühmt ist in dieser Hinsicht die Beschreibung, die Curtius Rufus in seinem Buch „Von den Taten Alexanders des Großen"

(Lib. IX, Cap. 34—37) von den mächtigen Gezeiten gibt, von denen die Krieger dieses Herrschers an der Mündung des Indus überrascht wurden. Die Flotte hatte an einer mitten im gewaltigen Strome gelegenen Insel angelegt und sorglos überließ man sie einer kleinen Besatzung, während dessen man auf Erkundigung und Proviantsuche ausgegangen war. Die hereinbrechende Flut, die den Schiffern völlig unbekannt war und über deren periodischen Ablauf sie nichts wußten, brachte die Schiffe, deren Verankerung zum Teil aufgehoben wurde, in heillose Verwirrung und wie Curtius Rufus sagt, konnte man glauben, es fahre da nicht die Flotte ein und desselben Heeres, sondern zwei Gegner seien in einem Schiffskampf begriffen. Kaum hatte man sich aber vom Schrecken erholt, wurde ihnen ein neuer und größerer eingejagt. Das aufgestaute Meer begann sich zurückzuziehen und die erste Verwirrung wiederholte sich nun in umgekehrter Weise; ein Teil der Flotte kam auf festes Land, ein Teil rettete sich in Talsenkungen auf tieferes Wasser, das ganze Meer und die freigewordenen Sandbänke waren bestreut mit Gepäck, Waffen, losgebrochenen Rudern und Brettern; schreckliche Tiere krochen von den Fluten zurückgelassen umher. Selbst der König war an der Rettung der Flotte verzweifelt, doch gelang es ihm, die Sorgen seiner Krieger durch seinen unbesiegbaren Mut zu zerstreuen. Er gebot, die Flotte wieder instand zu setzen und benutzte die am folgenden Morgen von ausgesandten Kundschaftern gemeldete Ankunft einer neuen Flut, um durch diese die Schiffe wieder flott zu bekommen und führte sie dann 400 Stadien weit ins Meer hinaus. Woher doch, fragt sich Curtius Rufus, ist diese große Meeresflut zurückgekehrt? Wohin ist sie gestern entwichen? Wie ist die Beschaffenheit dieses Elementes, das bald zwieträchtig erscheint, bald Gesetzen bestimmter Zeiten gehorcht?

Die Fragen, die Curtius Rufus sich vorlegt, charakterisieren in trefflicher Weise das Phänomen der Meeresgezeiten in ihrer periodischen Wiederkehr der Erscheinungen; sie zeigen uns auch, welche praktische Bedeutung den Gezeiten für die Sicherung der Schiffahrt zukommt.

Es ist höchstwahrscheinlich, ja selbstverständlich, daß die Seeleute an den offenen ozeanischen Küsten von jeher mit den Gezeiten vertraut waren, von ihrem gesetzmäßigen Ablauf Kenntnis hatten und namentlich auch wußten, daß ein Zusammenhang mit den Mondphasen vorhanden ist; auch die täglichen, monatlichen und jährlichen Ungleichheiten konnten ihrer Aufmerksamkeit nicht entgehen, aber ihre Kenntnisse waren und blieben lange rein empirisch und dienten in erster Linie nur ihren praktischen Bedürfnissen. Während das Mittelalter zu einer rationellen Erklärung des Gezeitenphänomens nichts beigetragen hat, brachte die Renaissance auch in den Ansichten über die Ursachen der Gezeiten einen entschiedenen Fortschritt. Ich kann hier nicht auf die Ansichten Kepler's, Galilei's, Bacon's u. a. eingehen, so reizvoll es zu sehen ist, wie allmählich die Gedanken sich klären und festigen. Ich will nur hervorheben, daß Newton 1687 in seinem Buche „Philosophia naturalis principia mathematica" die seitdem unangefochtene Grundlage für eine Theorie der Gezeitenkräfte gegeben hat und zwar auf Grund des von ihm gefundenen Gesetzes der allgemeinen Massenanziehung, oder kurz gesagt auf Grund der Gravitation.

Die immer weiter fortschreitende Erkenntnis hat erst viel später festgestellt, daß nicht nur die Wassermassen des Meeres gesetzmäßigen Gezeitenbewegungen unterliegen, sondern daß auch die ganze feste Erde und die Atmosphäre solchen Gezeiten unterworfen sind. Alle drei Schichten unserer Erde, die Erdfeste, die Wasserhülle und die Lufthülle der Erde unterliegen derselben Einwirkung von Kräften, die sie in periodischer Bewegung erhalten. Nur der verschiedenen kleineren oder größeren Beweglichkeit dieser Medien und dem verschiedenen inneren Aufbau jeder einzelnen dieser drei Erdschichten ist es zuzuschreiben, daß die Gezeiten des Meeres zu deutlich sichtbaren, oft recht gewaltigen Verlagerungen des Meeresspiegels werden, die Gezeiten der festen Erde und die der Atmosphäre klein und unscheinbar zurücktreten; erstere können von uns auch nicht wahrgenommen werden, da uns keine Fixpunkte gegeben sind, um die allgemeinen Schwankungen des Bodens, auf dem wir stehen, an ihnen zu verfolgen. Aber gerade die Gezeiten der Erdfeste und der Atmosphäre haben sich als einen erwünschten Prüfstein für die Richtigkeit unserer Anschauungen über die fluterzeugenden Kräfte, die auf die gesamte Erde einwirken, erwiesen.

Bevor wir auf die Gezeiten in den einzelnen Schichten der Erde etwas näher eingehen, ist es am Platz, uns darüber klar zu werden, woher die Kräfte stammen, die das Phänomen der Gezeiten hervorrufen. Ich möchte zunächst betonen, daß man scharf unterscheiden muß zwischen dem Kräftesystem, das die Gezeiten in allen drei Schichten der Erde verursacht, und den Wirkungen dieses Kräftesystems auf die drei verschiedenen Medien dieser Schichten. Das Kräftesystem ist da, auch wenn keine sichtbaren oder meßbaren Massenverschiebungen in den drei Medien, also keine Gezeiten vorhanden wären. Es ist wichtig, diese Scheidung zwischen fluterzeugenden Kräften als Ursache der Gezeiten und den komplizierten Erscheinungen der Gezeiten in ihrem Ablauf auf der Erde als Wirkung dieser Kräfte vorzunehmen und zwar aus folgendem Grunde: Über das Wesen der fluterzeugenden Kräfte sind wir außerordentlich gut unterrichtet. Wir können mit der allergrößten Genauigkeit die Größe dieser Kräfte, ihre Verteilung auf der Erde und ihre zeitlichen Schwankungen ableiten und es ist kaum zu erwarten, daß hierin die Zukunft etwas Neues bringen wird. Im Gegensatz hierzu sind unsere Kenntnisse über die Wirkung dieses Systems der fluterzeugenden Kräfte auf die Wassermassen des Meeres, auf die feste Erdmasse oder auf die Atmosphäre, also unsere Kenntnisse über die Ausbildung der Gezeiten auf der Erde als Ganzes nur gering. Wir wissen nur das Grundlegende und Allerwichtigste und unser Wissen ist noch sehr einer Erweiterung und Vertiefung bedürftig. In dieser Hinsicht wird uns die Zukunft dank der raschen Entwicklung der Apparatetechnik und der Möglichkeiten der Sammlung von genaueren und systematischen Beobachtungen noch große Fortschritte bringen.

Die Frage nach der fluterzeugenden Kraft eines Gestirns — wir können hierfür die Sonne oder den Mond nehmen, wollen uns aber zunächst auf einen dieser Körper beschränken — geht nach Newton auf die Anziehungskräfte zurück, die zwischen den Massen der beiden Gestirne wirken. Diese Anziehungskräfte regulieren z. B. die jährliche Bewegung der Erde um die Sonne, genauer gesagt um den gemeinsamen Schwerpunkt Sonne—Erde, sie regulieren auch die monatliche Bewegung des Systems Erde—Mond um ihren gemeinsamen Schwerpunkt. Wir müssen uns dies, am Beispiel von Erde und Mond erläutert, etwa so vorstellen: Wenn diese Körper nicht in Bewegung wären, dann würden die Anziehungskräfte die Entfernung Erde—Mond immer mehr verkleinern, bis schließlich der Mond auf die Erde fallen würde. Durch die monatliche Bewegung des Mondes um den gemeinsamen Schwerpunkt Erde—Mond treten aber Fliehkräfte auf, welche die gegen die Erde gerichteten Anziehungskräfte gerade aufheben. Die Entfernung Erde—Mond ist gerade so groß, daß zwischen der Gesamtheit der Anziehungskräfte zwischen allen Massenteilchen der Erde und allen Massenteilchen des Mondes und der Gesamtheit aller auftretenden Fliehkräfte Gleichgewicht herrscht. Die Resultierenden beider Kräfte sind dementsprechend gleich groß und gerade entgegengesetzt gerichtet (Abb. 1). Ihr Angriffspunkt ist der Mittelpunkt der Erde bzw. des Mondes. Auf diesem Gleichgewicht zwischen Anziehungskraft und Fliehkraft beruht der stets gleichbleibende Ablauf aller astronomischen Bewegungen in unserem Sonnensystem, jene kosmische Stabilität, die eines der größten Wunder unseres Weltalls ist.

Aber wenn auch völliges Gleichgewicht zwischen diesen Kräften vorhanden ist, im Falle wir die Erde als Ganzes betrachten, so will das noch nicht besagen, daß für jeden Punkt der Erde Gleichgewicht zwischen der Anziehungskraft und der Fliehkraft der Bewegung dieses Punktes besteht. Ja, es ist geradezu zu erwarten, daß dieses Gleichgewicht für die einzelnen Punkte kaum gegeben sein kann, da die Anziehungskraft und die Fliehkraft verschiedenen physikalischen Gesetzen folgen.

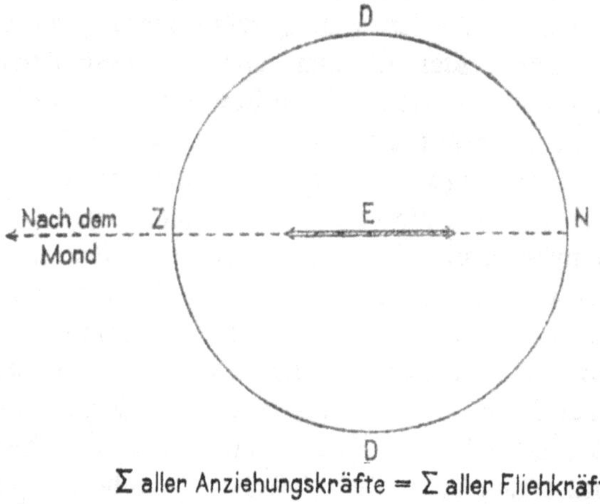

Abb. 1. Gleichgewicht zwischen der Gesamtheit der Anziehungskräfte zwischen allen Massenteilchen der Erde und allen Massenteilchen des Mondes und der Gesamtheit aller auftretenden Fliehkräfte

So bleiben, wenn wir diese Kräfte, die an einem bestimmten Punkte der Erde angreifen, miteinander vergleichen, auch wenn sie sich im Mittel über die ganze Erde aufheben, Restkräfte übrig. Das sind die fluterzeugenden Kräfte. Im Punkte Z, an dem der Mond im Zenith steht und der dem Mond am nächsten liegt, ist die Anziehungskraft, die gegen den Mond gerichtet ist, größer als die Fliehkraft (siehe Abb. 2). Die fluterzeugende Kraft ist deshalb gegen den Mond gerichtet. Im Punkte N, der der Gegenpunkt von Z ist und an dem der Mond im Nadir steht, ist die Anziehungskraft kleiner als in Z, und auch kleiner als die Fliehkraft. Deshalb ist die fluterzeugende

Kraft hier vom Monde weggerichtet. In beiden Fällen ergibt sich eine vom Erdmittelpunkt nach außen gerichtete Kraft. Die Summe aller dieser Restkräfte genommen über die ganze Erde ist Null, aber in jedem Punkt der Erdoberfläche hat die Restkraft eine bestimmte Richtung und eine bestimmte Größe.

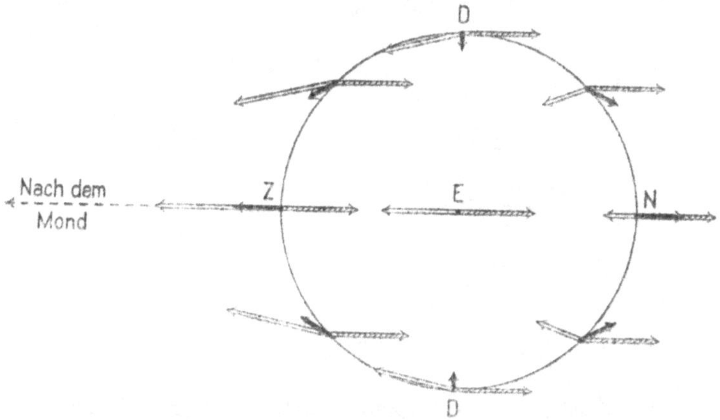

Abb. 2. Bestimmung der Größe und Richtung der fluterzeugenden Kraft als Differenz zwischen der Anziehungskraft und der Fliehkraft der einzelnen Punkte der Erdoberfläche. Offene Pfeile: Anziehungskraft, schraffierte Pfeile: Fliehkraft; schwarze Pfeile: Fluterzeugende Kraft

Abb. 3 gibt die Verteilung dieser übrigbleibenden fluterzeugenden Kräfte auf einem Meridionalschnitt der Erde; in der Richtung M steht der Mond. Das System dieser Kräfte ist nach dem Monde als fluterzeugender Körper orientiert.

Die Größe dieser fluterzeugenden Kräfte ist allerdings sehr klein gemessen an der Schwerkraft, die an der Erdoberfläche jeden Körper bekanntlich gegen den Erdmittelpunkt zieht. Es läßt sich berechnen, daß im Maximum die fluterzeugende Kraft imstande ist, die Schwerkraft um ein Neunmillionstel zu vergrößern oder zu verkleinern. Das ist eine sehr kleine Größe und man kann sich vorstellen, daß es nicht leicht ist, sie experimentell nachzuweisen, aber die Entwicklung der Feinmechanik hat es doch, wie wir später sehen werden, zuwege gebracht, auch so kleine Größen einwandfrei zu beobachten.

Wenn wir die Verteilung der fluterzeugenden Kraft auf der Erdoberfläche in der Abbildung 3 betrachten, erkennen wir, daß neben der vertikalen Komponente der fluterzeugenden Kraft, die also die Schwerkraft der Erde vergrößert

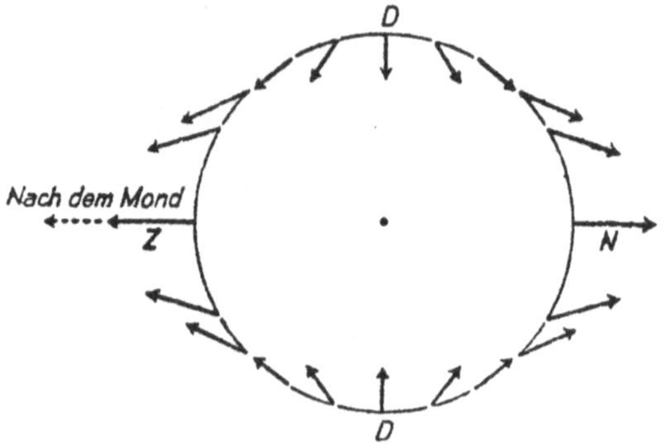

Abb. 3. Verteilung der fluterzeugenden Kraft auf einen Meridionalschnitt durch die Erde

oder vermindert, auch horizontale Komponenten vorhanden sind, die also in der Richtung der Erdoberfläche wirken und keine Änderung der Größe der Schwerkraft bedingen, dafür aber ihre Richtung zu ändern vermögen. Um minimale Beträge verändert auf diese Weise die Einwirkung der horizontalen Komponenten der fluterzeugenden Kraft die Lotrichtung; um eine Größenordnung zu geben: ein 12 m langes Pendel würde unter der Einwirkung der maximalen fluterzeugenden Kraft an seinem Ende nur etwa $^1/_{1000}$ mm, d. h. um ein Mikron ausschlagen. Die horizontale Komponente der fluterzeugenden Kraft ist aber bedeutungsvoller als die vertikale, da in der horizontalen Richtung ihr im allgemeinen keine anderen Kräfte entgegentreten, die sie so stark überragen wie die Schwerkraft die vertikale Komponente. Im Gegenteil, die Größenordnung dieser anderen Kräfte — in erster Linie sind es Druckkräfte —

ist gleich der der fluterzeugenden Kraft. Wir wollen uns deshalb die Verteilung dieser horizontalen Komponente der fluterzeugenden Kraft näher ansehen (Abb. 4). Am stärksten sind diese horizontalen Komponenten auf einem Kreis, der 45° vom Zenithpunkt Z bzw. vom Nadirpunkt N absteht; diese horizontale Komponente ist hier immer gegen diese zwei Punkte gerichtet.

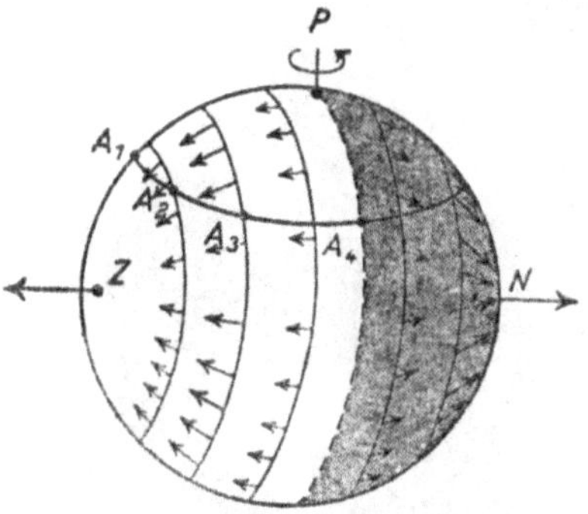

Abb. 4. Das System der horizontalen Komponente der fluterzeugenden Kraft an der Erdoberfläche. Im Punkte Z steht der Mond im Zenith

Auf einem Großkreis, der 90° von diesen Punkten absteht, ist diese Komponente überall Null, so wie sie auch an diesen zwei Punkten selbst Null ist. Alle Kraftvektoren sind auf der einen Erdhälfte gegen den Zenithpunkt Z gerichtet, auf der anderen konvergieren sie zum Gegenpunkt N. Dieses Kräftesystem von ganz bestimmter Anordnung liegt zur Mondrichtung, d. h. zur Richtung des fluterzeugenden Gestirnes fest. Verschiebt sich dieses Gestirn, so wandert das Kräftesystem mit. In Abb. 5 ist rechts die Anordnung der fluterzeugenden Kräfte für den Fall gegeben, daß der Mond sich in der Äquatorebene der Erde befindet; links für den Fall, daß er 28° darüber auf der Nordhemisphäre steht.

Die Erde ist aber nicht in Ruhe, sie dreht sich einmal täglich um ihre Achse; das System der fluterzeugenden Kräfte liegt aber zur Mondrichtung fest. Durch diese Rotation der Erde wird für einen Punkt der Erdoberfläche das System der fluterzeugenden Kräfte periodischer Natur; denn dadurch, daß sich die Erde dreht, bewegt sie sich sozusagen unter dem System der fluterzeugenden Kräfte hindurch. Wenn wir einen Beobachter auf der Erde vom äußeren Raum aus betrachten, so erscheint er (siehe die Abb. 4) zuerst in A_1. Durch die Erddrehung wird er nach A_2 geführt. Die fluterzeugende Kraft ist hier oder kurz davor nach Süden gerichtet, sie wächst noch an und erreicht nach 3 Stunden in A_3 den größten Wert. Dann nimmt sie wieder ab; nach 6 Stunden (in A_4) ist sie, wenn der Mond untergeht, Null. Dann ändert sie ihre Richtung,

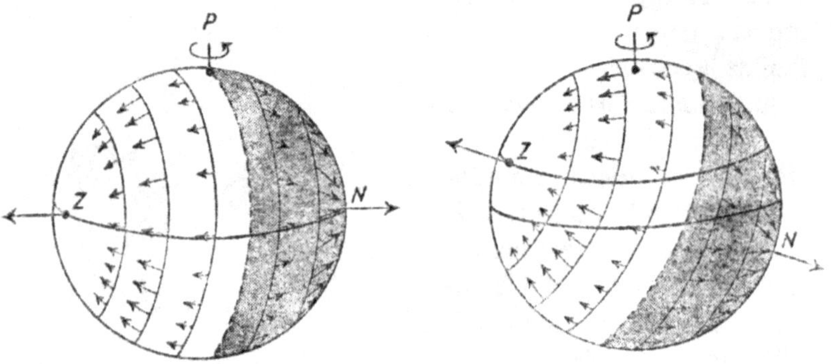

Abb. 5. **links**: Verteilung der horizontalen Komponente der fluterzeugenden Kraft, wenn der Mond in der Äquatorebene der Erde steht; **rechts**: wenn er über einen Punkt der Erdoberfläche in 28° N Br. im Zenith steht

erreicht nach weiteren 3 Stunden wieder ein Maximum usf.; dadurch entsteht ein halbtägiger Wechsel in der Richtung und Stärke der fluterzeugenden Kraft, was die direkte Ursache der halbtägigen Schwankungen aller Gezeitenerscheinungen auf der Erde ist.

Von einem Punkt der Erde aus betrachtet, erscheint demnach die fluterzeugende Kraft von periodischer Natur und zwar sowohl ihre horizontale als auch vertikale Komponente. Im folgenden Diagramm (Abb. 6) ist z. B. der Verlauf der horizontalen und vertikalen Komponente für einen Punkt am Äquator durch eine Wellenlinie angedeutet, wenn der Mond selbst über dem Äquator steht. Die vertikale Komponente der fluterzeugenden Kraft hat ein Maximum beim Meridiandurchgang des Mondes (0^h) und ist zu dieser Zeit nach oben gerichtet. Um 3^h ist sie Null, ändert dann ihre Richtung und ist um 6^h

am stärksten und nach unten gerichtet; um 9^h ist sie wieder Null usw. Die Horizontalkomponente zeigt eine ähnliche Verteilung, nur sind die Extreme um 3 Stunden verschoben. Maxima nach Westen treten um 3^h und 15^h ein, Maxima nach Osten um 9^h und 21^h, während sie Null ist um 0^h, 6^h, 12^h und 18^h.

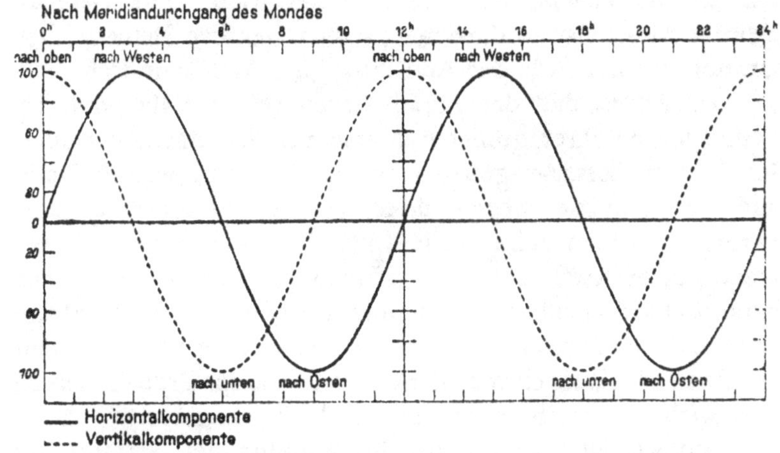

Abb. 6. Tägliche Schwankung der Richtung und Stärke der horizontalen und vertikalen Komponente der fluterzeugenden Kraft an einem Punkt der Erdoberfläche, wenn der Mond über dem Äquator steht. (Die Zeiten sind gezählt vom Meridiandurchgang des Mondes an dem betreffenden Punkt; die maximalen Beträge sind für beide Komponenten gleich 100 gesetzt)

Ähnlich verhält es sich auch für andere Punkte der Erdoberfläche, nur ist das Ausmaß der Schwankung geringer und außerdem treten auch nord-südwärts gerichtete Komponenten auf.

Da die fluterzeugende Kraft die Differenz von Anziehungskraft und Fliehkraft ist und diese Kräfte von der Entfernung der Erde vom fluterzeugenden Gestirn abhängen, wird wegen der dauernden Änderungen des Mond- und Sonnenabstandes auch das System der fluterzeugenden Kräfte dauernd sich etwas verändern. Diese Schwankungen sind nicht groß, aber sie haben doch einen bedeutenden Einfluß auf die Ausbildung der Gezeiten auf der Erde.

Bisher ist nur ein fluterzeugendes Gestirn betrachtet worden, entweder der Mond oder die Sonne. Alle beide Gestirne, jedes für sich erzeugt eine fluterzeugende Kraft. Die fluterzeugende Kraft des Mondes ist etwa doppelt so groß wie die der Sonne. Das kommt davon, daß, trotzdem der Mond eine vielmals kleinere Masse hat als die Sonne, seine wesentlich kleinere Entfernung von der Erde den Ausschlag gibt. Man kann sich auch so ausdrücken, daß der Mond wegen seiner Nähe und die Sonne wegen ihrer größeren Masse bei den fluterzeugenden Kräften in Betracht gezogen werden müssen, während alle anderen Gestirne wegen ihrer größeren Entfernung und geringen Massen keine Rolle spielen. Das System der fluterzeugenden Kräfte läßt sich auf theoretischem Wege mit der allergrößten Genauigkeit ableiten und es bietet keine Schwierigkeit, für jeden Punkt der Erde und für jeden Augenblick aus den gegebenen Stellungen von Mond und Sonne zur Erde die Größe und Richtung der fluterzeugenden Kraft anzugeben.

Wenn wir jetzt übergehen, die Wirkung des Systems der fluterzeugenden Kräfte auf die feste Erde, das Meer und die Atmosphäre zu betrachten, wollen wir zunächst von Meer und Atmosphäre absehen und annehmen, daß die Erde nur aus festen Massen besteht. Die Einwirkung der fluterzeugenden Kräfte auf eine solche Erde ist anders, wenn die Erde vollkommen starr ist, als wenn sie den Kräften vollkommen nachgibt. In beiden Fällen ist der Verlauf der Gezeitenerscheinungen anderer Art.

Wenn die Erde vollkommen starr ist, sind die Verhältnisse am einfachsten, denn dann vermögen die fluterzeugenden Kräfte keine Einwirkung auf die Erdform auszuüben. Eine Deformation der Erde kann sich in diesem Fall nicht einstellen. Da die Erde absolut starr ist, können wir von dieser unverrückbaren Ebene aus an einem Beobachtungsort die Einwirkung der horizontalen Komponente der fluterzeugenden Kraft auf ein Pendel, das in seiner Ruhestellung die Lotrichtung angibt, oder die Einwirkung der vertikalen Komponente auf das Gewicht eines kleinen Körpers messend verfolgen; und die Beobachtungsergebnisse müssen in diesem Falle vollständig die Werte für die Schwankungen dieser Komponenten ergeben, die wir theoretisch aus dem System der fluterzeugenden Kräfte berechnen können. Im Falle einer vollkommen starren Erde müssen also die beobachteten Gezeitenerscheinungen, wenn wir die Veränderung der Lotrichtung und der Schwereintensität als solche bezeichnen wollen, mit den theoretischen völlig übereinstimmen.

Erst in verhältnismäßig neuerer Zeit ist es gelungen, Apparate zu konstruieren, die diese äußerst kleinen Abweichungen festzustellen gestatten. Handelt es sich doch bei den Lot-Abweichungen um Winkel von etwa 0,02 Bogensekunden, bei den Schwerkraftschwankungen im Werte von 1 Millionstel ihres normalen Betrages. Bei der Messung der Lotabweichungen könnte man an ein freihängendes Lot denken. Aber dies ist kaum durchführbar; bei 100 m Länge eines solchen Pendels würden die Schwankungen der Spitze am unteren Ende infolge der Gezeitenwirkung, wie schon früher erwähnt, nur rund 0,1 mm Seitenablenkung ausmachen. Man benutzt, um so kleine Neigungsänderungen zu messen, Horizontalpendel. Das Prinzip dieses Apparates ist folgendes: Ein an einem Ende beschwerter Stab (Abb. 7) kann sich um eine fast senkrechte Achse drehen. Wäre diese Achse genau senkrecht, so könnte dieses horizontale Pendel durch jede noch so kleine Kraft gedreht werden und es würde dann, wenn die Kraft weiterwirkt, in Ruhe bleiben, wenn keine seitliche Komponente dieser Kraft auf ihn wirkt. Hört die Kraft zu wirken auf, dann bleibt das Pendel in der gegebenen Lage liegen, da es keine weitere Kraft gibt, die es aus dieser Lage herausdrehen könnte (Indifferentes Gleichgewicht). Läßt man aber die Achse AA des Pendels gegen die Vertikale VV ein wenig geneigt sein (in der Abb. 7 ist dies durch den kleinen Winkel i angedeutet), dann wird sich das Pendel auch noch sehr leicht aus seiner Ruhelage herausbewegen lassen, aber, wenn die Kraft zu wirken aufhört, kehrt es, sich selbst überlassen, wieder in seine Anfangslage zurück. Eine kleine Komponente der Schwerkraft besorgt dies. Die Größe der Ablenkung aus der Ruhelage ist aber in diesem Falle ein Maß für die Kraft, die diese Ablenkung erzwang. Um Reibung zu vermeiden, wird die Achse fortgelassen und statt dessen verwendet man eine bifilare Aufhängung des Stabes, wie sie in der Abbildung 7 angedeutet ist.

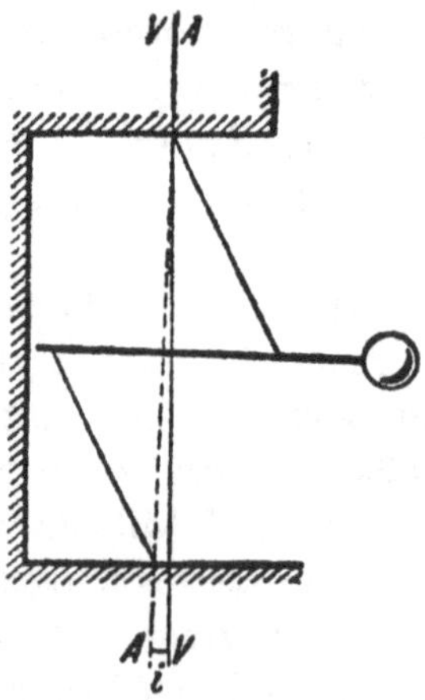

Abb. 7. Prinzip des Horizontalpendels

Der Apparat ist äußerst empfindlich für seitliche Krafteinwirkungen. Aber nur Komponenten quer zum Pendel bewirken eine Drehung. Man braucht demnach zwei zueinander senkrecht stehende Horizontalpendel, um z. B. die west-östliche und die nord-südliche Komponente der fluterzeugenden Kraft zu erhalten. Diese Registrierung erfolgt so, daß ein am Pendelkörper befestigter Spiegel einen auffallenden Lichtstrahl auf einen Film wirft. Damit können gleichzeitig die immer noch sehr kleinen Pendelausschläge wesentlich vergrößert werden. Mit einem solchen Apparat kann man demnach die horizontale Komponente der fluterzeugenden Kraft messen. Um diese rein zu bekommen, müssen wir aber bei den Messungen große Vorsichtsmaßregeln ergreifen. Denn natürlich zeichnet der Apparat auch alle Neigungen der Unterlage, auf der er steht, auf. Solche Neigungsänderungen können durch allerlei Ursachen bedingt sein. Auch wenn wir das Pendel im ungestörten Laboratorium aufstellen und von ihm alle Störungen abhalten, zeigt sich, daß immer noch solche vorhanden sind, deren Ursachen versteckt liegen. Z. B. verursachen die täglichen

Temperaturschwankungen der obersten Erdschichten in ungünstigen Fällen größere Ausschläge als die eigentlichen Gezeiten, die man messen will. Man hat deshalb die Messung möglichst tief in Bergwerksschachten ausgeführt: Prof. W. Schweydar in Freiberg i. Sa. in 189 m Tiefe, W. Schaffernicht in einem 25 m tiefen Felsenkeller in Marburg a. L. Die Ergebnisse lassen sich an der Hand der Abb. 8 am besten

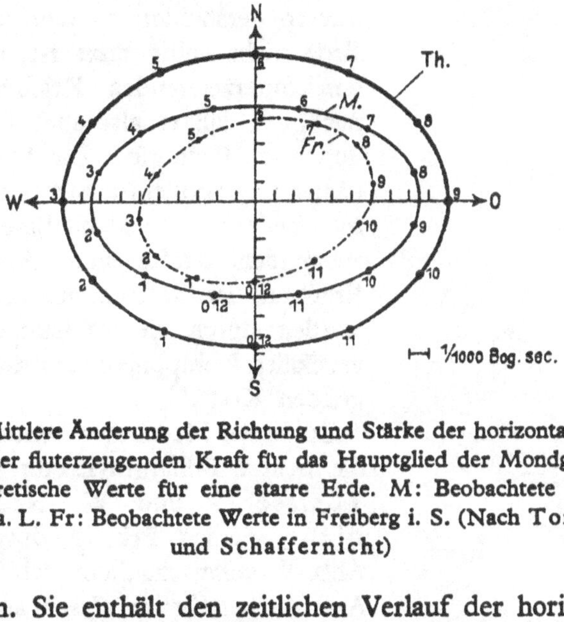

Abb. 8. Mittlere Änderung der Richtung und Stärke der horizontalen Komponente der fluterzeugenden Kraft für das Hauptglied der Mondgezeit M_2. Th: theoretische Werte für eine starre Erde. M: Beobachtete Werte in Marburg a. L. Fr: Beobachtete Werte in Freiberg i. S. (Nach Tomaschek und Schaffernicht)

erläutern. Sie enthält den zeitlichen Verlauf der horizontalen Komponente der fluterzeugenden Kraft für das Hauptglied der Mondgezeit M_2. Th. gibt den theoretischen Verlauf, Fr. die durch Analyse aus den Beobachtungen abgeleiteten Werte für Freiberg i. Sa., M. jene für Marburg. Es unterliegt keinem Zweifel, daß ein Lot unter der Einwirkung der Gezeitenkräfte abgelenkt wird. Das Vorhandensein der horizontalen Komponente der Gezeitenkräfte ist damit erwiesen. Aber die Ellipsen sind erheblich kleiner als sie sein sollten und außerdem zeigen sich auch kleinere Abweichungen in den Eintrittszeiten. Z. B.

sollte um 6^h die horizontale Komponente genau nach Norden gerichtet sein; in Marburg tritt dies schon um etwa $5\frac{1}{2}^h$ ein, während in Freiberg die Abweichung kleiner ist. Genau nach Osten gerichtet sollte sie um 9^h sein; in Marburg ist dies etwa um $8^1/_2{}^h$, in Freiberg um $9\frac{1}{2}^h$ der Fall. Die Lotabweichungen sind weiter auf etwa $^2/_3$ des theoretischen Betrages vermindert. Diese Verminderung kann nur so verstanden werden, daß die Erde nicht völlig starr ist, sondern den fluterzeugenden Kräften etwas nachgibt, daß es also auch Gezeiten der festen Erde gibt. Das klingt zunächst unglaublich, namentlich wenn man bedenkt, wie klein diese fluterzeugenden Kräfte sind. Aber das Ergebnis ist vollkommen bestätigt worden durch die Messungen der vertikalen Komponente der fluterzeugenden Kraft.

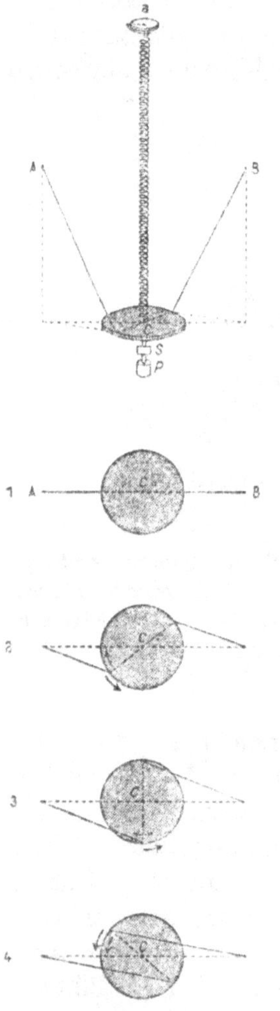

Abb. 9. Prinzip des Bifilargravimeters

Zu diesen Messungen benutzt man das neuere Bifilargravimeter von R. Tomaschek und W. Schaffernicht, dessen Prinzip durch die Abb. 9 veranschaulicht wird. Der Apparat besteht im Wesen aus einer an zwei Fäden und einer Spirale aufgehängten Scheibe C, an der ein kleines Gewicht P hängt. Denken wir uns zunächst die Spirale fort, so würde die Scheibe sich in der von den Fäden aufgezwungenen Richtung drehen. In der Stellung 1 befindet sich die Scheibe in ihrer tiefsten Lage und die an den Punkten A und B befestigten Fäden liegen in einer Ebene. Jede Drehung der Scheibe bedeutet eine kleine Hebung oder Senkung derselben und umgekehrt ist mit jeder Hebung oder Senkung der Scheibe eine Drehung verbunden. Mittels des Spiralknopfes a läßt sich die Scheibe links herum drehen und jeder Drehung entspricht eine bestimmte Ruhelage, in der sich Faden- und Spiralfederkraft das

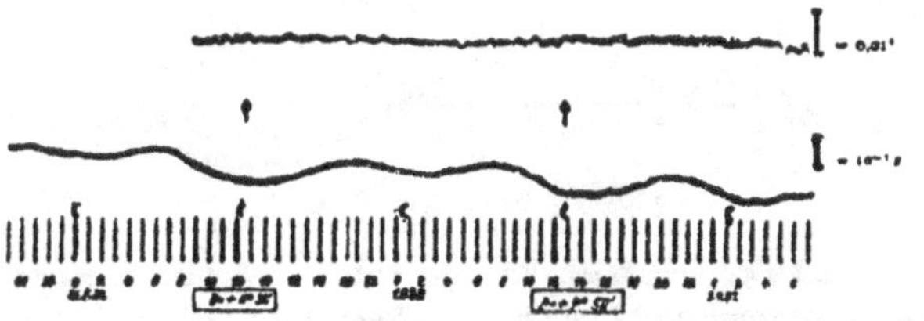

Abb. 10. Beispiel einer Registrierkurve eines Bifilargravimeters (nach Tomaschek und Schaffernicht). Die obere Kurve gibt die Temperaturänderungen im Registrierraum. Das Mondzeichen unter der unteren Kurve zeigt die Zeit des oberen bzw. unteren Meridiandurchganges des Mondes an

Gleichgewicht halten. Dies gilt bis zur Stellung 3. Jede weitere Drehung der Scheibe (z. B. Stellung 4) bedingt ein Durchschlagen der Vorrichtung. Knapp vor der Stellung 3 ist somit die Apparatur in einem fast labilen Zustande und ist äußerst empfindlich für kleine zusätzliche Kräfte, wie es z. B. die fluterzeugenden Kräfte sind. Durch einen Spiegel S können wieder die kleinen Drehungen der Scheibe in kräftiger Vergrößerung aufgezeichnet werden. Abb. 10 zeigt ein Beispiel einer Registrierkurve eines Bifilargravimeters in dem 25 m tiefen Felsenkeller in Marburg a. L. Man erkennt deutlich eine Schwankung von der Dauer von etwa 12 Mondstunden und auch die durch die Abweichung des Mondes von der Äquatorebene bedingte Ungleichheit der halbtägigen Wirkung.

Aus längeren Registrierungen lassen sich durch harmonische Analyse die den einzelnen Gliedern der fluterzeugenden Kraft entsprechenden Einzelperioden ableiten. Uns interessiert hier in erster Linie das Hauptglied der Mondgezeit, das die Bezeichnung M_2 trägt. Abb. 11 gibt für diese Partialtide M_2 einerseits in der gestrichelten Kurve den für eine starre Erde theoretisch geforderten Verlauf, andererseits in der voll ausgezogenen Kurve die aus drei monatlichen Beobachtungen erhaltenen Werte in Marburg. Man sieht, die beobachteten Schwereschwankungen betragen wieder kaum $^2/_3$ der für eine starre Erde

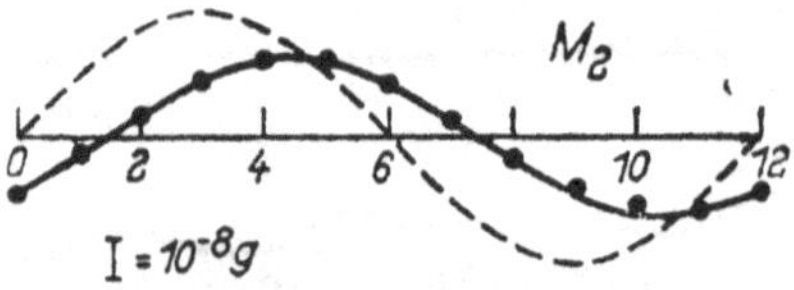

Abb. 11. Verlauf der vertikalen Komponente der fluterzeugenden Kraft in Marburg a. L. während 12 Mondstunden (Partialtide M_2) (nach Tomaschek und Schaffernicht)
- - - - - = Werte für eine vollkommen starre Erde
—•— = beobachtete Werte

berechneten und auch eine Phasenverschiebung ist vorhanden. Ähnliche Messungen sind auch in Berchtesgaden, das 500 km von Marburg entfernt ist, ausgeführt worden. Das Ergebnis ist ähnlich. Abb. 12 zeigt den mittleren Verlauf der Schwerkraftschwankung der Hauptmondgezeit M_2 für Marburg und Berchtesgaden aus gleichzeitigen zweimonatlichen Beobachtungen, sowie den für beide Orte berechneten theoretischen Verlauf. Auch hier findet man eine Verminderung der Schwankung um ungefähr den gleichen Betrag, nur hinkt Marburg dem Mond um 1 Stunde nach, Berchtesgaden eilt ihm um 1 Stunde vor. Dies zeigt, daß auch in der Phase gewisse Abweichungen von den theoretischen Werten vorkommen, aber die Messungen beweisen ohne Zweifel, daß die fluterzeugenden Kräfte vorhanden sind und daß die feste Erde diesen Kräften etwas nachgibt, daß es also eine Ebbe und Flut der Erdfeste gibt. Tomaschek hat feststellen können, daß nach seinen Messungsergebnissen die Erdoberfläche sich in Marburg zweimal am Tage um nicht weniger als fast ½ m hebt und senkt. Wir können dies natürlich nicht wahrnehmen, weil unsere ganze Umgebung an diesen Bewegungen teilnimmt und wir keinen Fixpunkt haben, an den wir uns bei diesen Verschiebungen halten können. Aus demselben Grunde können wir ja auch auf einem Schiff im freien Ozean Hoch- und Niedrigwasser der Meeresgezeit nicht wahrnehmen.

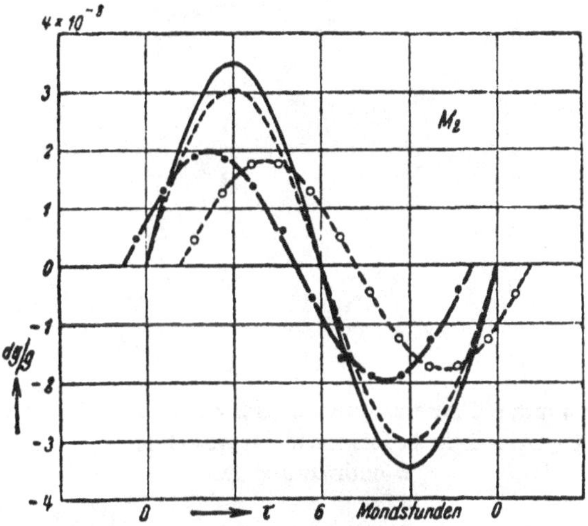

Abb. 12. Schwerkraftschwankung der Hauptmondgezeit M_2 in Marburg a. L. (— o — o —) und Berchtesgaden (— • — • — • —) zum Vergleich mit dem für eine starre Erde berechneten (— — — für Marburg, ——— für Berchtesgaden) (zweimonatliche Beobachtungen, Meridiandurchgang des Mondes um 9^h)

Während die feste Erde nur zu einem geringen Grade den fluterzeugenden Kräften nachgibt, geben die Wassermassen der Ozeane als eine frei bewegliche Flüssigkeit diesen Kräften vollkommen nach. Wir beobachten deshalb ausgesprochene vertikale Verschiebungen des Meeresspiegels, die Gezeiten, und horizontale Verschiebungen der Wassermassen, die Gezeitenströme. Wir müssen uns dabei bewußt bleiben, daß die Gezeiten des Meeres immer die Differenz zwischen den Gezeiten der völlig nachgiebigen Wasserhülle der Erde und den Gezeiten der Erdfeste sind. Was wir beobachten, sind also nicht die reinen Meeresgezeiten allein, sondern die beobachteten Größen sind beeinflußt, allerdings im geringen Grade, von den Gezeiten der Erdfeste.

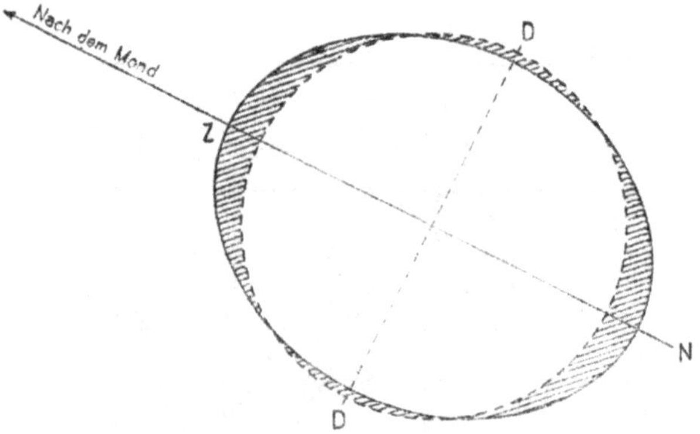

Abb. 13. Die durch die fluterzeugenden Kräfte hervorgerufene Flutdeformation eines die ganze Erde bedeckenden Ozeans. Die Flutberge liegen zur Mondrichtung fest

Wollen wir uns die Einwirkung der fluterzeugenden Kräfte auf einem Ozean, der die ganze Erde gleichmäßig bedeckt, klarmachen, so ist es am besten, wir kehren zu der früher besprochenen Darstellung der horizontalen Komponente der fluterzeugenden Kräfte (siehe Abb. 4) zurück. Unter der Einwirkung dieser Kraft strebt das Wasser gegen die Punkte Z und N und bedingt hier eine Ansammlung des Wassers, während auf dem Großkreis um 90° davon der Meeresspiegel sinkt. Diese Flutberge im Zenith- und Nadirpunkt des Mondes können nur solange wachsen bis die sich ausbildenden Druckunterschiede im Meer den fluterzeugenden Kräften überall das Gleichgewicht halten. Dann tritt Ruhe ein und diese Flutdeformation des Meeresspiegels liegt nun fest zur Mondrichtung (Abb. 13). Newton selbst hat zuerst diese durch die fluterzeugenden

Kräfte erzwungene Deformation der Meeresoberfläche abgeleitet. Diese Ableitung nennt man die Gleichgewichtstheorie der Gezeiten; sie faßt die Erscheinung als ein statisches Problem auf, in dem die Gezeiten als ein Gleichgewichtszustand zwischen den fluterzeugenden Kräften und den Druckunterschieden auftreten. Man kann berechnen, daß die vereinigten fluterzeugenden Kräfte von Sonne und Mond bei Springzeit, bei der Sonne und Mond in derselben Richtung wirken, Unterschiede in der Wasserhöhe von 78 cm, bei Nippzeit, bei der die einzelnen fluterzeugenden Kräfte sich teilweise gegenseitig in ihrer Wirkung hemmen, von etwa 29 cm hervorrufen.

Die Gleichgewichtstheorie der Gezeiten vermag viele Tatsachen der Meeresgezeiten verständlich zu machen, aber sie ist ungeeignet, die tatsächlichen Gezeiten, wie sie im Meere sich entwickeln, zu erklären. Es war sich schon Newton bewußt, daß die Annahmen, auf die seine Theorie aufgebaut ist, eine Anwendung auf die Verhältnisse auf der Erde nicht gestatten. Die erste Annahme, daß in jedem Augenblick ein Gleichgewichtszustand zwischen fluterzeugenden Kräften und Druckkräften vorhanden ist, kann unmöglich den Verhältnissen in der Wirklichkeit entsprechen, da der Mond, auch wenn wir von der scheinbaren, durch die Erddrehung bedingten Bewegung am Himmel absehen, seine Stellung zur Erde doch so rasch ändert, dass, um den Gleichgewichtszustand zu erhalten, enorme Wasserverlagerungen innerhalb des Meeres eintreten müßten und zwar mit Geschwindigkeiten, die niemals möglich sind. Weiter ist auch die Annahme, daß das Meer die Erde völlig bedeckt, unhaltbar; es ist sicher, daß die Kontinente außerordentlich störend sich in die Entwicklung der Gezeiten einschalten. Man hat deshalb schon längst die Gleichgewichtstheorie verlassen und man benützt ihre Ergebnisse nur als anderen Ausdruck für das System der fluterzeugenden Kräfte, was man ja ohne weiteres machen kann.

An Stelle der Gleichgewichtstheorie hat dann ein Jahrhundert nach Newton Laplace die dynamische Theorie gesetzt. Er geht von der Ansicht aus, daß die fluterzeugenden Kräfte im Weltmeer statt feststehender Flutberge Flutwellen erzeugen, deren Perioden (Aufeinanderfolge) durch diese fluterzeugenden Kräfte festgelegt sind. Aber bei der Entwicklung dieser Flutwellen spielen verschiedene Faktoren noch eine ausschlaggebende Rolle, in erster Linie die Tiefe und Breite der Meeresbecken, also ihre morphologische Konfiguration, dann die sogenannte ablenkende Kraft der Erdrotation, durch die jeder bewegte Körper auf der Nordhemisphäre nach rechts, auf der Südhemisphäre nach links abgelenkt wird, und anderes mehr. Diese dynamische Theorie ist äußerst verwickelt und wenn es auch gelungen ist, die theoretischen Gezeiten eines homogenen, die ganze Erde gleichförmig bedeckenden Weltmeeres, oder auch durch Meridiane und Breitenkreise abgegrenzte Teile eines solchen Weltmeeres genau zu berechnen, so haben diese schwierigen mathematischen Lösungen keine große Bedeutung für das Verständnis der irdischen Gezeiten erlangt. Es hat sich gezeigt, daß eine geographische Bedingtheit der Gezeitenerscheinungen vorhanden ist, deren Festlegung zunächst nur auf dem Wege der Beobachtungen möglich ist. Wir befinden uns hier in einer recht schwierigen Lage. Es steht nichts im Wege, an den Küsten der Kontinente und der Inseln den Ablauf der Gezeit systematisch zu beobachten; wir können außer den senkrechten Verschiebungen des Wasserniveaus auch die mit ihnen verbundenen horizontalen Verlagerungen des Wassers, die Gezeitenströme beobachten. Aber wir müssen uns klar sein, daß auch, wenn man auch noch soviel Küstenbeobachtungen sammelt, man nur die Gezeiten an den Rändern der Ozeane erfassen kann, daß man auf diesem Wege nichts erfährt, wie die Gezeiten sich auf den weiten Flächen der Ozeane verhalten. Wir können diese Schwierigkeit nur allmählich und teilweise überwinden, einerseits durch Gezeitenstrommessungen auf hoher See von verankerten Schiffen aus, durch Ersinnen neuer Apparate, die am Meeresboden versenkt, auch bei großen Wassertiefen die Niveauschwankungen der Oberfläche aufzeichnen, durch weitere Entwicklung unserer theoretischen Kenntnisse über Flutwellen u. a. m.

Man ist jetzt soweit, daß man immerhin für einzelne kleinere Meere das Bild der in ihnen zur Ausbildung kommenden Gezeiten einigermaßen überblicken kann, daß man auch weiß, warum in einem solchen kleinen Meere gerade diese Form der Gezeitenwelle, in einem anderen eine andere Form zur Ausbildung gelangt. Ich will dies an einem Beispiel erläutern und wähle hierzu die Nordsee. Die Karte in Abb. 14 stellt eine Gezeitenkarte der Nordsee dar. Die Linien mit beigesetzten Stundenzahlen sind Flutstundenlinien, verbinden alle Orte mit gleicher Hochwasserzeit (gerechnet vom Meridiandurchgang des Mondes in Gr.). Die Gezeitenwelle erscheint im nördlichen Teil der Nordsee fast als eine fortschreitende Welle, die an der englischen Seite schneller wandert als an der norwegischen; hier ist der Tidenhub recht klein, bei 25 cm, dort recht groß 3—4 m. In der südlichen Nordsee entwickelt sich eine Drehtide, die links herum läuft; d. h. die Gezeitenwelle wandert längs der deutschen Küste von Westen nach Osten, dreht in der Deutschen Bucht nach Norden um, läuft längs der jütländischen Küste nach Norden und trifft vor dem Skagerrak mit der von Norden kommenden Welle zusammen. Der Drehpunkt der Drehtide liegt mehr in der östlichen Hälfte vor der Deutschen Bucht. Es besteht kein Zweifel, daß die Energie der Gezeitenwelle in der Nordsee aus der großen Gezeitenwelle des Atlantischen Ozeans stammt und daß die Wassermassen der Nordsee von Norden her an der breiten Pforte zwischen Schottland und Norwegen die Impulse erhalten, mit den Gezeiten des freien Ozeans mitzuschwingen. Aber man erkennt auch deutlich den Einfluß der ablenkenden Kraft der Erdrotation. Auf der zu ihrer Fortpflanzungsrichtung rechten Seite der Welle wird die Hubhöhe wesentlich verstärkt, auf ihrer linken Seite geschwächt. Die Drehwelle im südlichen Teil ist hingegen eine Wirkung der Überlagerung der einlaufenden, also nach Süden in die Nordsee hineinlaufenden Welle und der an den Küsten im Süden zurückgeworfenen, also nach Norden in die Nordsee hinauslaufenden Welle. Die Überlagerung dieser Wellen, die durch die ablenkende Kraft der Erdrotation und durch die Reibung der bewegten Wassermassen am Boden

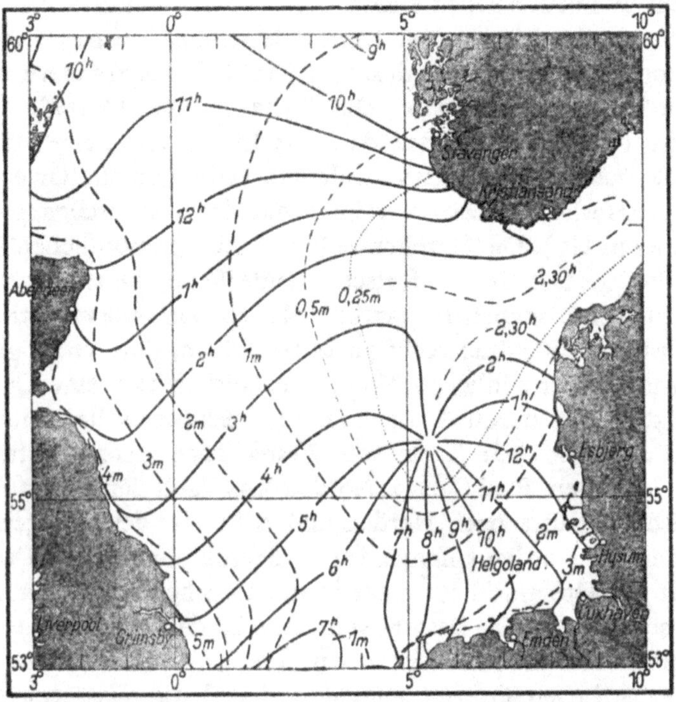

Abb. 14. Gezeitenkarte der Nordsee. Die ausgezogenen Linien sind Flutstundenlinien, die beigeschriebenen Stundenzahlen zeigen die Eintrittszeit des Hochwassers an; die gestrichelten Linien sind Linien gleichen Tidenhubes (nach den Deutschen Gezeitentafeln)

noch modifiziert werden, erzeugt die Drehtide vor der Deutschen Bucht. Die Energie der Nordseegezeiten entstammt sicher einer vom Atlantischen Ozean eindringenden Gezeitenwelle, die orographische Konfiguration der Nordsee, die ablenkende Kraft der Erdrotation und die Reibung gestalten sie aber um und diese Faktoren sind hier wie in den meisten Fällen so ausschlaggebend, daß sie es sind, die schließlich das Bild der Gezeiten im Nebenmeer erzwingen. Ähnlich wie bei der Nordsee verhält es sich auch bei anderen Neben- und Randmeeren.

Nur sehr wenig wissen wir im Gegensatz hierzu von den Gezeiten der großen Ozeane. Die Kenntnis der Gezeit an den Küsten und auf den wenigen Inseln geben uns zwar ein Bild, wie die Gezeitenwelle an den Rändern der großen Ozeane entlang läuft. Einige theoretische Überlegungen und Spekulationen, wie wohl die Gezeitenwelle auf der einen Seite des Ozeans mit jener auf der anderen zusammenhängen mag, haben zu Darstellungen der Gezeitenwelle über die ganzen Ozeane geführt, aber diese Darstellungen können notgedrungen nur schematisch sein und nur ungefähr die richtige Verteilung wiedergeben. Vielleicht am besten sind wir noch über die Gezeiten des Atlantischen Ozeans orientiert. Abb. 15 gibt die Flutstundenlinien zur Springzeit in diesem Ozean nach den Untersuchungen von R. v. Sterneck. Diese Darstellung läßt vermuten, daß die Gezeitenwelle von Süden her, vom antarktischen Wasserring aus in den Südatlantischen Ozean eindringt und nach Norden fortschreitet, während der Nordatlantische Ozean von einer Drehtide eingenommen wird. Ein Vergleich dieser Gezeitenverteilung mit jener der viel kleineren Nordsee zeigt, daß wir in diesem Ozean wenigstens äußerlich gesehen ähnliche Verhältnisse vor uns haben. Man kann also auch hier annehmen, daß die von Süden nach Norden fortschreitende Welle im Norden an der Schwelle Britische Inseln—Färöer—Island—Grönland zurückgeworfen wird. Die Überlagerung der eindringenden und der reflektierten Welle ergibt dann unter Mitwirkung der ablenkenden Kraft der Erdrotation im Nordatlantik die Drehwelle, während im Südatlantik die durch Reibung geschwächte reflektierte Welle die eindringende nicht mehr so umzugestalten vermag, daß ihr der Charakter einer nach Norden fortschreitenden Welle genommen wird. Diese Erklärung ist eine Vermutung, die durch manche theoretische Überlegung gestützt wird. Aber was zur Festlegung des Gezeitenbildes jedes Ozeans bisher fehlt, sind und bleiben die Beobachtungen auf den weiten Flächen der Ozeane. Erst wenn wir sicher sind, daß die Bilder, die wir uns von den Gezeiten der Ozeane machen, der Wirklichkeit vollauf entsprechen, werden wir tiefer eindringen können in den gewaltigen Mechanismus der Gezeiten des freien Ozeans. Denn die Gezeiten der einzelnen Meere sind nicht von einander unabhängig; sie beeinflussen und bestimmen sich gegenseitig, entstammen sie doch alle zusammen der Einwirkung der fluterzeugenden Kräfte auf die ganze Wasserhülle der Erde.

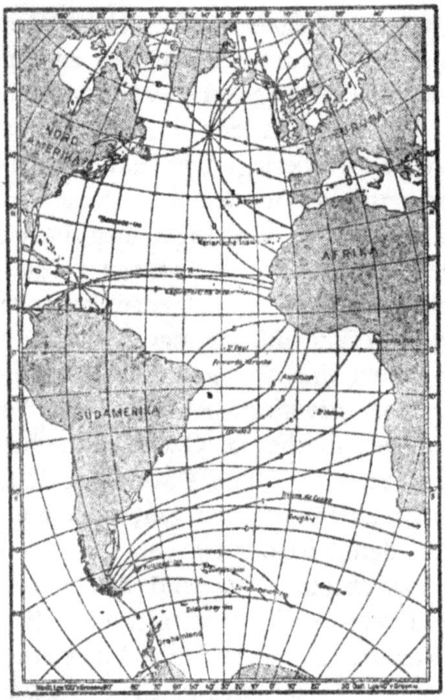

Abb. 15. Flutstundenlinien im Atlantischen Ozean (Greenwicher Zeit, nach R. Sterneck)

Schon 1774 hat Laplace vermutet, daß auch die Lufthülle der Erde der Einwirkung der fluterzeugenden Kräfte von Sonne und Mond unterliegen müßte, er hat auch seine dynamische Theorie der Gezeiten eines flüssigen Ozeans auf die gasförmige Hülle der Erde, auf die Atmosphäre angewandt. Er hat mit ihr vorausgesagt, daß die atmosphärischen Mondgezeiten und umsomehr die atmosphärischen Sonnengezeiten, keine großen

Ausmaße erreichen können; die Luftmassen werden am stärksten sich dort anhäufen müssen, wo der Mond in Kulmination ist, aber die dadurch bedingte Drucksteigerung wird sogar am Äquator, wo sie am stärksten auftreten sollte, weit unter ½ mm Hg bleiben.

Es ist bekannt, daß es einen täglichen Gang des Luftdruckes gibt, in dem der halbtägige Anteil — also mit einer Periode von 12 Sonnenstunden — auf der ganzen Erde außerordentlich regelmäßig abläuft. In den Tropen, wo die unperiodischen Barometerschwankungen klein sind und zurücktreten, zeichnet der Barograph täglich eine regelmäßige Welle von 12 Stunden Dauer auf; die Maxima des Druckes treten um 10 Uhr vormittags und abends ein, die Minima um 4 Uhr früh und nachmittags. Die Schwankungsgröße zwischen Maximum und Minimum erreicht hier etwa 2 mm. Gegen die höheren geographischen Breiten nimmt diese Schwankungsgröße ab und in unseren Breiten ist die tägliche Doppelwelle des Luftdrucks völlig überdeckt von den großen unperiodischen Luftdruckänderungen, die an den Vorübergang der Hoch- und Tiefdruckgebiete der mittleren und hohen Breiten der Erde geknüpft sind. Nur durch Mittelbildung über längere Zeiträume und genaue Analyse läßt sich auch für unsere Breiten die halbtägige Druckwelle herausschälen; J. v. Hann hat vor allem durch seine eingehenden Untersuchungen zeigen können, welch großen Gesetzmäßigkeiten diese halbtägige Luftdruckwelle unterliegt. Es gibt auch einen ganztägigen Anteil der täglichen Luftdruckschwankung, aber diese Welle tritt ganz unregelmäßig sowohl in ihren Phasen wie Amplituden auf und hängt stark von lokalen Umständen des Beobachtungsortes ab.

Über die Ursache der halbtägigen Luftdruckschwankung ist viel geschrieben worden; es scheint festzustehen, daß sie als eine durch Resonanz verstärkte planetarische Auswirkung der täglichen Temperaturschwankung der Atmosphäre anzusehen ist. Ich kann hier nicht weiter darauf eingehen; auf jeden Fall kann sie keine der Ebbe und Flut des Meeres entsprechende

Gravitationswirkung des Mondes oder der Sonne sein, denn sie geht ja nach Sonnenzeit und außerdem stimmen auch die Eintrittszeiten der Extreme nicht mit dem Meridiandurchgang der Sonne überein; wenn sie eine Sonnengezeit wäre, müßte dann außerdem ja noch ein viel stärkerer Einfluß des Mondes vorhanden sein; einen Einfluß dieser Art und solcher Intensität zeigen aber die Beobachtungen nicht. Die halbtägige Luftdruckwelle hat demnach mit atmosphärischen Gezeiten nichts zu tun, oder besser gesagt, die durch die täglichen Temperaturschwankungen erzwungenen halbtägigen Druckschwankungen sind so groß, daß sie die Einwirkungen der fluterzeugenden Kraft der Sonne, also die atmosphärischen Sonnengezeiten, die viel kleiner sein müssen, völlig überdecken.

Da ein Temperatureinfluß des Mondes auf die Atmosphäre nicht besteht, sind wir in der Lage, aus den Luftdruckbeobachtungen die Einwirkung der fluterzeugenden Kräfte des Mondes auf die Atmosphäre, also die atmosphärischen Mondgezeiten, herauszuschälen. Da wir voraussagen können, daß diese Mondgezeiten sehr klein sein werden, müssen zu dieser Analyse, um alle sonst vorhandenen Schwankungen auszuschalten, enorm viel Beobachtungen benutzt werden. Nur durch Summation entsprechend vieler Wellen läßt sich jene Genauigkeit erzielen, die notwendig ist, um das Ergebnis gegen Wirkungen des Zufalls zu sichern. So hat Prof. Bartels (Potsdam), um die mondtägige Schwankung für die Stationen Potsdam und Hamburg abzuleiten, je 150000 stündliche Werte von 66 Jahren bearbeiten müssen, um für diese Orte eine lunare Schwankung des Luftdruckes von etwas mehr als $^{1}/_{100}$ mm sicher zu stellen. Abb. 16 gibt die mondtägige Druckwelle für diese beiden Orte. Man erkennt, wie regelmäßig diese Schwankung ist; die Extreme treten fast genau um 0^h und 12^h bzw. 6^h und 18^h (Mondzeit) ein, d. h. es erfolgt eine Luftanhäufung über den beiden Orten gerade dann, wenn der Mond durch den Meridian geht. Für eine große Anzahl von Stationen auf der Erde ist auf diese Weise die mondtägige Druckwelle, deren Periode ½ Mondtag oder 12 Mondstunden beträgt, bestimmt worden. Trotz der sehr kleinen Amplituden dieser Welle ist die Regelmäßigkeit der Erscheinung sehr auffallend. Das Maximum tritt, wie die Theorie erwarten läßt, ziemlich genau mit dem Meridiandurchgang des Mondes ein; die Abweichungen übersteigen nirgends 1 Stunde. Die größten Amplituden finden sich an äquatorialen Stationen und die Amplitude nimmt gegen die Pole hin ab. Die Abb. 17 zeigt diese Abnahme für einige Stationen der Nordhemisphäre. Diese im Mittel ganz gesetzmäßige Druckwelle zeigt Schwankungen mit der Mondentfernung in einem Ausmaß, wie sie auch zu erwarten sind, dann aber auch jahreszeitliche Schwankungen, die recht auffallend und rätselhaft sind. Aber wir wollen uns hier nur mit den großen Zügen der Erscheinung befassen und übergehen diese Details.

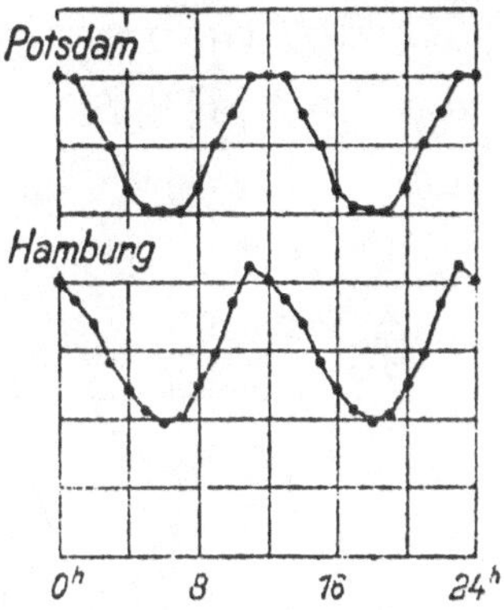

Abb. 16. Lunare Schwankung des Luftdruckes in Potsdam und Hamburg während 24 Mondstunden. (Meridiandurchgang des Mondes 0^h [bzw. 24^h und 12^h] Ordinateneinheit 0,01 mm [nach J. Bartels])

Daß eine atmosphärische Mondgezeit vorhanden ist, steht außer Zweifel; wir müssen deshalb wohl annehmen, daß es auch eine atmosphärische Gezeit gibt, die von der Sonne herrührt, die sich aber der viel stärkeren durch die Temperaturschwankung erzwungenen Druckwelle überlagert; sie ist auch sicher vorhanden, aber es ist uns verwehrt, sie zahlenmäßig zu erfassen, da sie dieselbe Periode besitzt, wie die vielmals größere Schwankung thermischen Ursprungs. Wir müssen also zusammenfassend sagen: Mond und Sonne deformieren mit ihren fluterzeugenden Kräften die Druckflächen in unserer Atmosphäre so, daß im Zenith- und Nadirpunkt der Gestirne Ausbeulungen entstehen, die wir als atmosphärische Flutberge ansprechen können. Sie liegen zur Mond- bzw. Sonnenrichtung fest und die Erde wandert infolge ihrer Rotation unter ihnen hinweg. Wir, die wir diese Rotation mitmachen, beobachten mit unseren Barometern die dadurch bedingten Druckschwan-

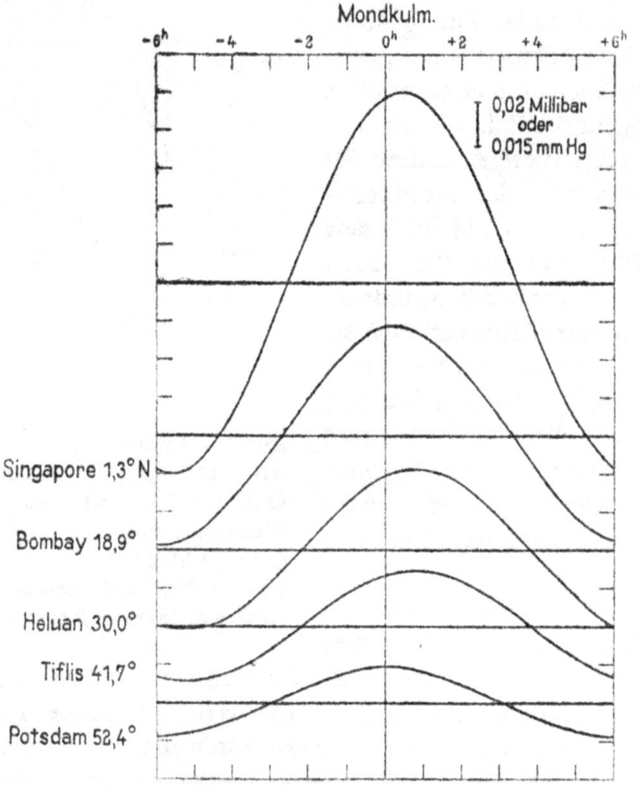

Abb. 17. Abnahme der Schwankungsweite der lunaren Druckwelle mit zunehmender geographischer Breite

kungen als mondtägige bzw. sonnentägige atmosphärische Flut. Die Form dieser atmosphärischen Flutberge kann man in einer Erdkarte zur Darstellung bringen. Abb. 18 gibt eine solche planetarische Darstellung für die Mondwelle. Die Me-

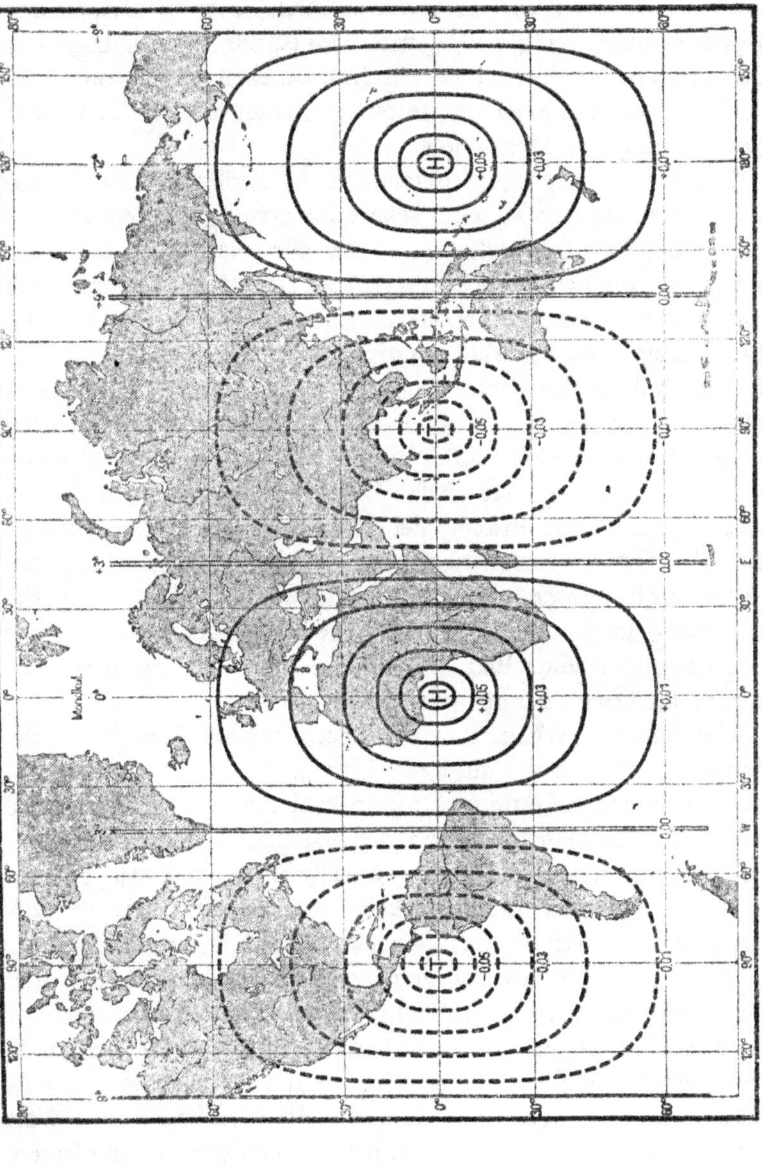

Abb. 18. Planetarische Darstellung der lunaren Druckwelle (Isobarenabstand $^1/_{100}$ mm)

ridiane zeigen die Mondzeit gerechnet von der Mondkulmination in Greenwich aus. H bedeutet hoher, T tiefer Druck. Der Isobarenabstand ist etwa $^{1}/_{100}$ mm. Das ist die Schwingungsform der lunaren Druckwelle, sie wandert mit dem Mond von Osten nach Westen und erscheint an einem Ort als eine Welle mit der Periode eines $\frac{1}{2}$ Mondtages.

Die Einwirkung der fluterzeugenden Kräfte auf die Atmosphäre erscheint so als eine relativ einfache, ganz gesetzmäßig vor sich gehende Erscheinung, die wir zwar nicht sinnfällig sehen können, wie die Ebbe und Flut der Meere, die wir aber mit unseren empfindlichen Instrumenten erfassen können. Der Grund, warum die atmosphärischen Gezeiten viel einfacher sind als die ozeanischen liegt darin, daß das Luftmeer lückenlos die ganze Erde bedeckt; die Atmosphäre ist seitlich unbegrenzt und nichts stört die Druckwelle in ihrer ost-westlichen Umkreisung der Erde. Die ozeanischen Gezeiten sind viel komplizierter. Infolge der Begrenzung der Meere durch die Kontinente verschwindet die einfache Form einer von Osten nach Westen wandernden Flutwelle im Meer. Die Erscheinung löst sich hier auf in mehr oder minder selbständige Schwingungen einzelner Meeresteile, wie wir sie beim Atlantischen Ozean kennengelernt haben.

Wir haben gesehen, daß alle drei Schichten der Erde, die Erdfeste, die Wasser- und die Lufthülle der Einwirkung der fluterzeugenden Kräfte von Mond und Sonne unterliegen und auf diese Kräfte je nach Art der Medien, aus denen sie zusammengesetzt sind, in Form von Gezeiten reagieren. Es gibt in der Geophysik vielleicht keine Erscheinung, die so erdumfassend ist wie die der Gezeiten. Wenn wir auch über die Ursache dieser Schwankungen der Erdfeste, des Meeres und der Atmosphäre im Prinzip genau informiert sind, so sind wir doch noch weit entfernt, die Erscheinungen der Gezeiten in allen ihren Details zu überblicken und zu verstehen. Und da sehen wir, daß gerade im Meer, wo die Gezeiten sich uns als deutlich wahrnehmbare, sinnfällige Erscheinungen aufdrängen, hier wir vielleicht am wenigstens diese periodischen Schwankungen des Wasserspiegels durchschauen und völlig zu erklären vermögen. Viele Beobachtungen und viele Berechnungen sind von Nöten, um hier Fortschritte zu erzielen. Aber auf noch einen Punkt möchte ich zum Schluß kurz hinweisen. Alle unsere Betrachtungen betreffen die Schwankungen an der Oberfläche der Erde. Die Beobachtungen über Gezeiten der Erdfeste machen wir an der Erdoberfläche, die Gezeiten des Meeres sind die Schwankungen des Meeresspiegels und auch die Druckänderungen der atmosphärischen Gezeiten beobachten wir in der Hauptsache am Grunde des Luftmeeres, also an der Erdoberfläche. Die fluterzeugenden Kräfte von Mond und Sonne greifen aber die gesamte Masse der drei Schichten an und wir müssen uns deshalb bewußt bleiben, daß auch im Innern derselben Gezeitenschwankungen zur Ausbildung kommen können. Wir sind meistens gewöhnt, bei unseren Betrachtungen und theoretischen Berechnungen jede der drei Erdschichten für sich als homogen anzusehen, trotzdem wir wissen, daß sie alle drei stark geschichtet sind, ja daß in ihnen Dichtesprünge vorhanden sind, die fast bis zur physikalischen Diskontinuität anwachsen können. Bei homogenem Medium gibt es keine inneren Gezeiten, wenn wir die Auswirkung der fluterzeugenden Kräfte auf solche inneren Sprungschichten der Dichte so bezeichnen wollen. Bei geschichtetem Medium sind hingegen solche inneren Schwankungen mit Gezeitencharakter direkt zu erwarten.

Tatsächlich sind solche internen Gezeitenwellen auf ozeanographischen Expeditionen mehrfach beobachtet worden und besonders auf der Deutschen Atlantischen Expedition des „Meteor“ 1925/27 sind im tropischen und subtropischen Ozean, der in seinen oberen Schichten stark geschichtet ist, vom verankerten Schiff aus interne Gezeitenwellen von einem recht bedeutsamen Ausmaße von 20—30 m Schwingungsweite festgestellt worden. Daß die Gezeitenwellen an der Grenzfläche zweier verschieden dichter Wasserarten, also die inneren Gezeiten, wesentlich größere Amplituden aufweisen können als an der Oberfläche des Meeres, ist darauf zurückzuführen, daß bei Verlagerungen der Meeresoberfläche in vertikaler Richtung Wasser gegen Luft verschoben werden muß, bei Verlagerung einer inneren Grenzfläche aber Wasser größerer Dichte gegen solches etwas kleinerer Dichte. Bei gleicher fluterzeugender Kraft müssen deshalb die Amplituden der internen Gezeitenwellen vielmals größer sein, als die der Gezeiten an der Oberfläche des Meeres. Die späteren Fahrten des „Meteor" im Nordatlantischen Ozean haben auf ihren Ankerstationen wieder interessante Fälle von internen Gezeitenwellen erbracht und auch bei der internationalen Golfstrom-Unternehmung, die 1938 wieder von der Deutschen Forschungsgemeinschaft und der Kriegsmarine durchgeführt wurde, hat das Forschungsschiff „Altair" auf einer 4-tägigen Ankerstation auf 1500 m Tiefe interne Gezeitenwellen beobachten können. Interne Gezeitenwellen müssen wir als sehr regelmäßig und häufig auftretende Erscheinungen ansehen.

Es gibt also ohne Zweifel solche internen Gezeitenwellen im Meer, nur sind unsere Kenntnisse darüber noch sehr gering; es ist auch zu erwarten, daß es interne Gezeitenwellen des Erdinnern geben wird, denen vielleicht eine gewisse tektonische Bedeutung zukommen mag. Wir wissen von ihnen bisher nichts. Auch in der Atmosphäre sind die internen Gezeitenwellen höchstwahrscheinlich größer als die an der Erdoberfläche. In den höchsten Schichten sind sie, wie man vermutet, die Ursache der bedeutenden lunaren Variationen des erdmagnetischen Feldes. Hier steht noch ein weites Forschungsgebiet der Geophysik völlig offen und es ist nicht ausgeschlossen, daß man in der Zukunft in ihm Überraschungen wird erwarten dürfen.

Berlin, Institut für Meereskunde, Dezember 1941.

FSC
www.fsc.org
MIX
Papier | Fördert gute Waldnutzung
FSC® C083411

Kolibri 360 GmbH
Ferdinand-Jühlke-Straße 7
99095 Erfurt, Deutschland
produktsicherheit@kolibri360.de